BEI GRIN MACHT SICH IHR WISSEN BEZAHLT

- Wir veröffentlichen Ihre Hausarbeit, Bachelor- und Masterarbeit

- Ihr eigenes eBook und Buch - weltweit in allen wichtigen Shops

- Verdienen Sie an jedem Verkauf

Jetzt bei www.GRIN.com hochladen und kostenlos publizieren

Bibliografische Information der Deutschen Nationalbibliothek:

Die Deutsche Bibliothek verzeichnet diese Publikation in der Deutschen National-bibliografie; detaillierte bibliografische Daten sind im Internet über http://dnb.d-nb.de/ abrufbar.

Dieses Werk sowie alle darin enthaltenen einzelnen Beiträge und Abbildungen sind urheberrechtlich geschützt. Jede Verwertung, die nicht ausdrücklich vom Urheberrechtsschutz zugelassen ist, bedarf der vorherigen Zustimmung des Verlages. Das gilt insbesondere für Vervielfältigungen, Bearbeitungen, Übersetzungen, Mikroverfilmungen, Auswertungen durch Datenbanken und für die Einspeicherung und Verarbeitung in elektronische Systeme. Alle Rechte, auch die des auszugsweisen Nachdrucks, der fotomechanischen Wiedergabe (einschließlich Mikrokopie) sowie der Auswertung durch Datenbanken oder ähnliche Einrichtungen, vorbehalten.

Impressum:

Copyright © 2018 GRIN Verlag
Druck und Bindung: Books on Demand GmbH, Norderstedt Germany
ISBN: 9783668797925

Dieses Buch bei GRIN:

https://www.grin.com/document/437271

Anthony Amadi

Numerische Integration, Keplersche Fassregel, Simpson-Regel

GRIN Verlag

GRIN - Your knowledge has value

Der GRIN Verlag publiziert seit 1998 wissenschaftliche Arbeiten von Studenten, Hochschullehrern und anderen Akademikern als eBook und gedrucktes Buch. Die Verlagswebsite www.grin.com ist die ideale Plattform zur Veröffentlichung von Hausarbeiten, Abschlussarbeiten, wissenschaftlichen Aufsätzen, Dissertationen und Fachbüchern.

Besuchen Sie uns im Internet:

http://www.grin.com/

http://www.facebook.com/grincom

http://www.twitter.com/grin_com

Abtei-Gymnasium, Duisburg
Stufe: Q1
Schuljahr: 2017/2018

Facharbeit
im Fach
Mathe

Numerische Integration
Keplersche Fassregel
Simpson-Regel

Verfasser: Anthony Amadi
Arbeitszeit: 8.2.2018 – 8.3.2018

Inhaltsverzeichnis

1. Einleitung 3
1.1 Einführung 3
1.2 Materialbeschaffung 3
1.3 Vorwort zur Numerischen Integration 3

2. Numerische Integration 4
2.1 Sehnentrapezregel 4
2.1.1 Herleitung 4
2.1.2 Anwendung 5
2.2 Tangententrapezregel 6
2.2.1 Idee 6
2.2.2 Anwendung 7
2.3 Simpson-Regel 8
2.3.1 Biografie von Simpson 8
2.3.2 Idee von Simpson 8
2.3.3 Anwendung 9
2.4 Keplersche Fassregel 10
2.4.1 Biografie von Kepler 10
2.4.2 Idee von Kepler 11
2.4.3 Anwendung 12

3 Schlusswort 13

4 Literatur- und Quellenverzeichnis 14

1. Einleitung

1.1 Einführung

In der vorliegenden Facharbeit habe ich mich mit dem Thema numerische Integration beschäftigt. Ich habe mich für dieses Thema entschieden, da ich in der Vergangenheit ein Referat über die keplersche Fassregel im Matheunterricht gehalten habe und mich das Thema sehr interessiert hat. Da die keplersche Fassregel zur Numerischen Integration gehört, beschloss ich die numerische Integration zum Thema meiner Facharbeit zu machen. Ich werde aufzeigen, was die numerische Integration ist, die verschiedenen numerischen Integrationsverfahren zur näherungsweisen Berechnung bestimmter Integrale, wer diese Verfahren entdeckte, wofür sie genutzt werden und welche Herleitungen dahinter stecken.

1.2 Materialbeschaffung

In meiner Facharbeit habe ich mit Büchern aus der Universitätsbibliothek Duisburg-Essen gearbeitet. Außerdem habe ich mit einigen Seiten im Internet

1.3 Vorwort zur Numerischen Integration

Numerische Integration ist der Begriff, der für eine Reihe von Methoden verwendet wird, um eine Näherung für ein Integral zu finden. Oftmals gibt es Fälle, in denen wir das bestimmte Integral $\int_a^b f(x)dx$ einer Funktion kennen möchten, aber die Funktion hat keine Stammfunktion. Es gibt jedoch eine Möglichkeit, das Integral anzunähern, indem man die Funktion in kleine Intervalle aufteilt und die Fläche annähert. Eine Methode ist die Riemann-Summe, bei der Rechtecke verwendet werden, um ein bestimmtes Integral anzunähern.[1]

---

[1] Vgl. https://www.lernhelfer.de/schuelerlexikon/mathematik-abitur/artikel/numerische-integration 20.02.2018

2. Numerische Integration

2.1 Sehnentrapezregel

2.1.1 Herleitung

In der Schule haben wir die Riemann-Summen kennengelernt. Sie ist eine Methode um die Fläche unter einer Funktion anzunähern. Die Riemann-Summe verwendet Rechtecke, die jedoch keine genaue Annäherung angibt. Mit der Sehnentrapezregel kann man auch die Fläche unter einem Graphen annähern. Durch die Verwendung von Sehnentrapezen kann man genauere Annäherungen erhalten als mit Hilfe von Rechtecken. Das Intervall [a,b] sollte in n Teilintervalle geteilt werden, jede mit der Breite $\Delta x = \frac{(b-a)}{n}$, sodass $a = x_0 < x_1 < x_2 < ... < x_n = b$. Dann bildet man Sehnentrapeze für jedes Teilintervall.

Die Fläche des Trapezes ist $\frac{f(x_{i-1})+f(x_i)}{2} \circ (\frac{b-a}{n})2$

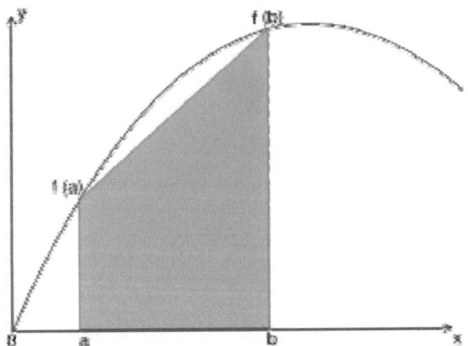

Abb. 1: Darstellung der Sehnentrapezregel
Quelle:https://upload.wikimedia.org/wikipedia/commons/thumb/b/bb/Sehnentrapezformel.svg/250px-Sehnentrapezformel.svg.png

Dies bedeutet, dass die Summe der Flächen der n-Trapeze gleich:

$$Fläche = (\frac{b-a}{n}) \cdot [\frac{f(x_{1-1}) + f(x_1)}{2} + ... + \frac{f(x_{n-1}) + f(x_n)}{2}]$$

$$Fläche = (\frac{b-a}{n}) \cdot [\frac{f(x_0) + f(x_1)}{2} + ... + \frac{f(x_{n-1}) + f(x_n)}{2}]$$

---

[2]Vgl. Stöcker, Taschenbuch mathematischer Formeln und moderner Verfahren , 1999, S.491

$$\text{Fläche} = (\frac{b-a}{2n}) \cdot [f(x_0) + f(x_1) + f(x_1) + f(x_2) + \ldots + f(x_{n-1}) + f(x_n)]$$

$$\text{Fläche} = (\frac{b-a}{2n}) \cdot [f(x_0) + 2f(x_1) + 2f(x_2) + \ldots + 2f(x_{n-1}) + f(x_n)]$$

$$\int_a^b f(x)dx \approx (\frac{b-a}{2n}) \cdot [f(x_0) + 2f(x_1) + 2f(x_2) + \ldots + f(x_n)]$$

2.1.2 Anwendung

Im Folgenden wird das Integral $\int_1^5 (1+x^2)\,dx$, welches in vier Trapeze n=4 eingeteilt ist mit der Sehnentrapezregel näherungsweise bestimmt.

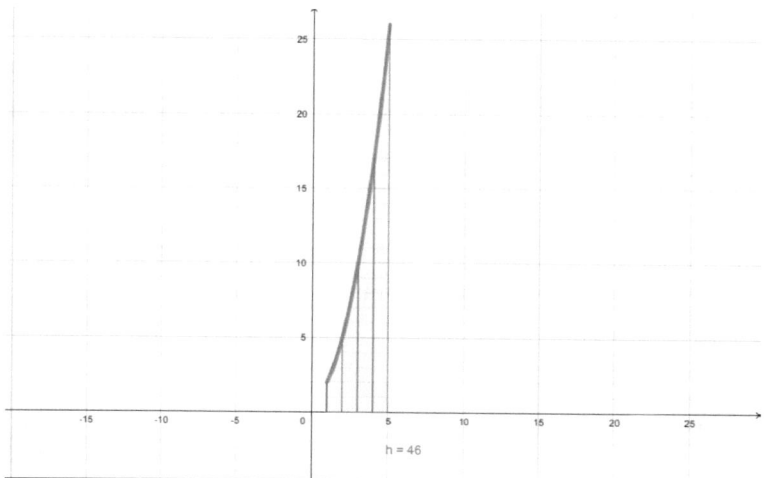

Abb. 2: Darstellung des Graphen der Funktion
Quelle: eigener Entwurf

Δ x wird den Wert b - a haben, das ist die rechte Grenze minus die linke Grenze dividiert durch die Anzahl der Trapeze. $\Delta x = \frac{b-a}{n} = \frac{5-1}{4} = \frac{4}{4} = 1$.
Das ist die Breite jedes Intervalls. Nun werden die y-Werte berechnet dazu setzen wir die x-Werte in die Funktion ein:

x	y =1+x²
1	2
2	5
3	10
4	17
5	26

Man setzt die erhaltenen Werte in die Sehnentrapezregel ein:

$$\int_a^b f(x)dx \approx (\frac{\Delta x}{2}) \cdot [f(x_0) + 2f(x_1) + 2f(x_2) + \ldots + f(x_n)]$$

$$\int_1^5 f(1+x^2)dx \approx (\frac{1}{2}) \cdot [2 + 2 \cdot (5) + 2 \cdot (10) + 2 \cdot (17) + 26]$$

$$\int_1^5 f(1+x^2)dx \approx (\frac{1}{2}) \cdot [2 + 10 + 20 + 34 + 26]$$

$$\int_1^5 f(1+x^2)dx \approx (\frac{1}{2}) \cdot [92] = 46 \text{ FE}$$

Dies ist der angenäherte Wert für das Integral $\int_1^5 (1+x^2)\,dx$.

Man bekommt eine bessere Annäherung, wenn man mehr Trapeze nimmt. Je mehr Trapeze man nimmt, wird x sich der 0 annähern, x-> 0.

2.2 Tangententrapezregel

2.2.1 Idee

Die Trapezregel ist eine weitere Methode, um die Fläche unter einer Kurve anzunähern. Die Trapezregel funktioniert, indem man die Fläche unter einer Kurve in eine Anzahl von Trapezen teilt, von denen man die Flächen kennt. Wenn man die Fläche unter einer Kurve zwischen den Punkten x_0 und x_n finden will, teilt man dieses Intervall in kleinere Intervalle auf, von denen jedes die Länge Δx hat. Jedes Intervall wird als Trapez betrachtet.[3]

---

[3] Vgl .http://www.mathepedia.de/Trapezregel.html 20.02.2018

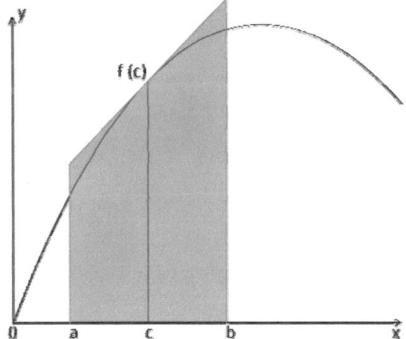

Abb. 3: Darstellung der Tangententrapezregel
Quelle: https://upload.wikimedia.org/wikipedia/commons/thumb/2/2f/Tangententrapezformel.svg/386px-Tangententrapezformel.svg.png

Die Formel für die Tangententrapezregel lautet:

$\int_a^b f(x)dx \approx (\frac{2(b-a)}{n}) \cdot (y_1 + y_3 + y_5 + \ldots + y_{n-1})$ [4]

2.2.2 Anwendung

Im Folgenden wird das Integral $\int_1^5 (1 + x^2)\,dx$, welches in vier Trapeze n=4 geteilt ist mit der Tangententrapezregel näherungsweise bestimmt. Das Integral wird wie in 2.1.3 in 4 Trapeze eingeteilt. Da zwei Sehnentrapeze ein Tangententrapez ergeben. Entstehen zwei Tangententrapeze. Man benötigt also nur zwei y-Werte. Da in 2.1.3 die y-Werte bereits ausgerechnet wurden, werden die y-Werte einfach übernommen:

x	y =1+x²
2	5
4	17

Man setzt die Werte in die Tangententrapezregel ein:

$\int_a^b f(x)dx \approx (\frac{2(b-a)}{n}) \cdot (y_1 + y_3 + y_5 + \ldots + y_{n-1})$

$\int_1^5 f(1 + x^2)dx \approx (\frac{2(5-1)}{4}) \cdot (5 + 17)$

$\int_1^5 f(1 + x^2)dx \approx 44 FE$

---

[4]Vgl. Kleine Enzyklopädie Mathematik, 1965 S. 473

Die Sehnentrapezregel ist immer genauer als die Tangententrapezregel, weil sie mehr Trapeze verwendet.

2.3 Simpson-Regel

2.3.1 Biografie von Simpson

Thomas Simpson wurde am 20. 8. 1710 in Market Bosworth (Leiccestershire) geboren und starb am 14.5.1761 in Market Bosworth. Thomas Simpson war ein englischer Mathematiker, der sein Arbeitsleben als Weber begann, den Beruf seines Vaters. Schon früh zeigte er ein starkes Interesse für Mathematik und wurde später ein Autor von Lehrbüchern über Algebra, Geometrie, Integralrechnung und andere mathematische Themen. Sein Leben war bemerkenswert, von einem Weber zu einem Lehrer an der Royal Military Academy in London. Simpsons bekanntestes Buch erschien 1750 unter dem Titel The Doctrine and Application of Fluxions. Heutzutage ist Simpson für seine Simpsonregel bekannt. Diese Regel wurde aber schon vorher von Gregory und Newton benutzt.[5]

2.3.2 Idee von Simpson

In 2.2 wurde die Tangententrapezregel angewendet, man hat gerade Linien verwendet, um Trapeze zu erstellen. Dies ist eine Verbesserung gegenüber der Verwendung von Rechtecken zum bestimmen von Flächen unter einer Kurve, weil bei der Tangententrapezregel weniger Fläche fehlt. Die Idee Simpsons war die Fläche unter einer Kurve noch besser anzunähern. Dazu hat Simpson Parabeln verwendet, um jeden Teil der Kurve anzunähern. Dabei wird die Parabel an den beiden Grenzen a und b und an der Mitte $\frac{a+b}{2}$ gelegt. Dies ist im Allgemeinen genauer als die anderen numerischen Methoden. [6]

---

[5]Vgl. https://de.wikipedia.org/wiki/Thomas_Simpson_(Mathematiker) 02.03.2018
   http://www.apprendre-math.info/allemand/historyDetail.htm?id=Simpson 02.03.2018
[6]Vgl. http://www.mathepedia.de/Simpsonsche_Formel.html 02.03.2018

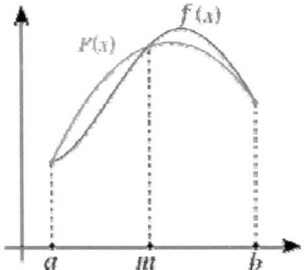

Abb. 4: Darstellung der Simpsonregel:
Quelle:https://upload.wikimedia.org/wikipedia/commons/thumb/c/ca/Simpsons_method_illustration.svg/2
20px-Simpsons_method_illustration.svg.png

Man teilt die Fläche in n gleiche Teilintervalle der Breite Δx. Die Formel für die Simpsonregel lautet:

$\approx \frac{\Delta x}{3} \cdot [f(x_0) + 4 \cdot f(x_1) + 2 \cdot f(x_2) + 4 \cdot f(x_3) + \ldots + 2 \cdot f(x_{n-2}) + 4 \cdot f(x_{n-1}) + f(x_n)]$ [7]

2.3.3 Anwendung

Im Folgenden wird das Integral $\int_1^5 (1 + x^2)\, dx$, welches die gleiche Anzahl n Sehnentrapeze und Tangententrapeze wie in 2.1.3 und 2.2.2 hat mit der Simpsonregel näherungsweise bestimmt. Da in 2.1.3 die y-Werte und Δx bereits ausgerechnet wurden, werden die Werte einfach übernommen: $\Delta x = \frac{b-a}{n} = \frac{5-1}{4} = \frac{4}{4} = 1$.

x	y =1+x²	f(x)
1	2	f(x₀)
2	5	f(x₁)
3	10	f(xₙ₋₂)
4	17	f(xₙ₋₁)
5	26	f(xₙ)

---

[7] Vgl. Barth, Differentialrechnung und Integralrechnung,1971 S.110

Man setzt die Werte in die Simpsonregel ein:

$$\approx \frac{\Delta x}{3} \cdot [f(x_0) + 4 \cdot f(x_1) + 2 \cdot f(x_2) + 4 \cdot f(x_3) + \ldots + 2 \cdot f(x_{n-2}) + 4 \cdot f(x_{n-1})$$
$$+ f(x_n)]$$
$$\approx \frac{1}{3} \cdot [2 + 4 \cdot 5 + 2 \cdot 10 + 4 \cdot 17 + 26] = 45.\dot{3}FE$$

Der exakte Wert liegt auch bei $45.\dot{3}FE$. Da der Näherungswert nicht vom exakten Wert abweicht. Kann man sagen, dass die Simpsonregel eine sehr gute Methode zur Annäherung der Fläche unter einer Kurve ist.

2.4 Keplersche Fassregel

2.4.1 Biografie von Kepler

Johannes Kepler wurde am 27. Dezember 1571 in Weil der Stadt, Württemberg geboren. Er war ein krankes und schwaches Kind und seine Eltern waren arm. Aber seine Intelligenz brachte ihm ein Stipendium an der Universität Tübingen, um für das lutherische Ministerium zu studieren. Im Jahr 1594 wurde Kepler Lehrer für Mathematik in Graz in Österreich. Im Jahre 1596 veröffentlichte er sein Buch Mysterium Cosmographicum, das das kopernikanische System verteidigte. 1597 heiratete Kepler seine erste Frau Barbara. 1600 musste Kepler wegen der katholischen Gegenreformation Graz verlassen. Kepler zog nach Prag. Im Jahr 1601 wurde er zum kaiserlichen Hofmathematiker ernannt. 1609 veröffentlichte Kepler die Astronomia Nova, in der er untersuchte, wie Linsen funktionieren und wie das menschliche Auge funktioniert. 1619 veröffentlichte er die Harmonices Mundi, in der er sein drittes Gesetz beschreibt. 1612 wurden die Lutheraner aus Prag vertrieben, und so zog Kepler nach Linz. Seine Frau und zwei Söhne sind währenddessen gestorben. Er heiratete noch mal, hatte aber viele persönliche und finanzielle Schwierigkeiten. 1630 starb Kepler in Regensburg.[8]

---

[8]Vgl. Rogner, Ueber Johannes Kepler's leben und wirken: Festrede, 1871

2.4.2 Idee von Kepler

Kepler kaufte zu seiner zweiten Hochzeit ein Fass Wein. Der Weinverkäufer bestimmte dabei die Menge des Weines, indem er einen Maßstab in die Fässer tauchte. Kepler fiel auf, dass dieses Verfahren viel zu ungenau ist. So befasste er sich intensiv mit Verfahren zur Berechnung des Rauminhaltes von Fässern. Mit der keplerschen Fassregel schuf er ein ziemlich genaues Näherungsverfahren. Kepler an seiner Hochzeit, wie er auf die Fassregel kam: „Als ich im November des letzten Jahres meine Wiedervermählung feierte, zu einer Zeit, als an den Donauufern bei Linz die aus Niederösterreich herbeigeführten Weinfässer nach einer reichlichen Lese aufgestapelt und zu einem annehmbaren Preis zu kaufen waren, da war es die Pflicht des neuen Gatten und sorgenden Familienvaters, für sein Haus den nötigen Trank zu besorgen. Als einige Fässer eingekellert waren, kam am vierten Tag der Verkäufer mit einer Messrute, mit der er alle Fässer, ohne Rücksicht auf ihre Form, ohne jede weitere Überlegung oder Rechnung, ihrem Inhalt nach bestimmte. Die Visierrute wurde mit ihrer metallenen Spitze durch das Spundloch quer bis zu den Rändern der beiden Böden eingeführt, und als die beiden Längen gleich gefunden worden waren, ergab die Marke am Spundloch die Zahl der Eimer im Fass. Ich wunderte mich, dass die Querlinie durch die Fasshälfte ein Maß für den Inhalt abgeben könne und bezweifelte die Richtigkeit der Methode, denn ein sehr niedriges Fass mit etwas breiteren Böden und daher sehr viel kleinerem Inhalt könnte dieselbe Visierlänge besitzen. Es schien mir als Neuvermähltem nicht unzweckmäßig, ein neues Prinzip mathematischer Arbeiten, nämlich die Genauigkeit dieser bequemen und allgemein wichtigen Bestimmung nach geometrischen Grundsätzen zu erforschen und die etwa vorhandenen Gesetze ans Licht zu bringen."[9] Kepler hat sich Folgendes gedacht, er hat gesagt er betrachtet nur drei Punkte der Funktion. Die beiden Grenzen a und b und die Mitte davon (siehe Abb.5). Mit diesen drei Punkten hat er Sehnentrapeze aufgestellt. Die Trapeze haben die Flächeninhalte ergeben.

---

[9] http://mathematikalpha.de/keplersche-fassregel 05.03.2018

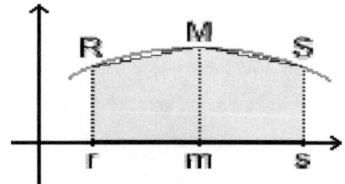

Abb.5: Darstellung der Keplerschen Fassregel

Quellle: http://sneaker.cfg-hockenheim.de/referate/inhalt/fassvolumen/images/k-bild04.gif

Kepler hat auch noch gesagt, dass er sich diese Tangententrapeze anschaut (siehe Abb.3). Man legt am mittleren Punkt eine Tangente an und bildet so ein Trapez. Nun nimmt man den Mittelwert der beiden Flächeninhalte. Man setzt das aber noch in ein Verhältnis von 2:1, weil der Flächeninhalt mit den Sehnentrapezen genauer ist als der Flächeninhalt mit dem Tangententrapez.

Die Formel für die Keplersche Fassregel lautet:

$\int_a^b f(x)dx \approx \frac{1}{6} \cdot (b-a) \cdot [f(a) + 4 \cdot f(\frac{a+b}{2}) + f(b)]$[10]

2.4.3 Anwendung

Im Folgenden wird das Integral $\int_1^5 (1+x^2)\,dx$ mit der keplerschen Fassregel näherungsweise bestimmt.

Hilfswerte berechnen:

f(x)= 1+x²

a=1   f(a)= f(1)= 2 $f(\frac{a+b}{2})=f(\frac{6}{2})$=10

b=5   f(b)= f(5)= 26

Werte in die Formel einsetzen:

$\int_a^b f(x)dx \approx \frac{1}{6} \cdot (b-a) \cdot [f(a) + 4 \cdot f(\frac{a+b}{2}) + f(b)]$

$\int_1^5 f(x)dx \approx \frac{1}{6} \cdot (5-1) \cdot [2 + 4 \cdot 10 + 26]$ = 45.3333

Wenn man diesen Wert mit dem exakten Wert aus 2.3.3 vergleicht, fällt auf, dass die

---

[10] Vgl. Barth, Differentialrechnung und Integralrechnung, 1971 S.112

Werte übereinstimmen. Man kann also sagen, dass die keplersche Fassregel eine ziemlich gute Methode ist um die Fläche unter einer Kurve anzunähern.

3 Schlusswort

In dieser Arbeit wurde die numerische Integration erläutert und im Besonderen auf die verschiedenen Verfahren eingegangen. Dazu wurden die Sehnentrapezregel, die Tangententrapezregel, die Simpsonsregel und die keplersche Fassregel behandelt und an Beispielen verdeutlicht. Zusammenfassend ist zu sagen, dass die verschiedenen Verfahren sehr genaue Annäherungen sind. Man hat gesehen, dass die Lösungen von der Simpsonregel und der keplerschen Fassregel mit der exakten Lösung übereinstimmten. Man kann diese Verfahren nur verwenden, wenn man die Stammfunktion nicht bilden kann oder das Bilden der Stammfunktion zu aufwendig ist. Dafür teilt man die Fläche unter der Kurve in Teilintervalle. Und wie Kepler kann man die numerische Integration auch im Alltag anwenden.

4 Literatur- und Quellenverzeichnis

Literatur

HAGANDER SUNDBLAD (1972): Aufgabensammlung Numerische Methoden. 1.Aufgaben. Mit 32 Abbildungen. München: R.Oldenbourg.

W. GELLERT (1965): Kleine Enzyklopädie Mathematik. Leipzig: Bibliographisches Institut Leipzig.

T. ARENS(2009):Mathematik zum Mitnehmen. Zusammenfassungen und Übersichten aus Arens et al., Mathematik. Springer Spektrum.

HORST STÖCKER (1999): Taschenbuch mathematischer Formeln und moderner Verfahren: Harri Deutsch.

JOHANN ROGNER(1871): Ueber Johannes Kepler's leben und wirken: Festrede. Graz: Comite`s der Kepler- Feier.

RICHARD COURANT (1971): Vorlesungen über Differential- und Integralrechnung : Berlin: Springer-Verlag Berlin Heidelberg.

Internetquellen

https://www.lernhelfer.de/schuelerlexikon/mathematik-abitur/artikel/numerische-integration (20.02.2018).(o.V) Numerische Integration. In 2010 ins Netz eingestellt.

http://www.mathepedia.de/Trapezregel.html (20.02.2018). N. I. Lobatschewski(o.J.). Trapezregel.

https://de.wikipedia.org/wiki/Thomas_Simpson_(Mathematiker) (02.03.2018)(.o.V) (o.J). Thomas Simpson.

http://www.apprendre-math.info/allemand/historyDetail.htm?id=Simpson (02.03.2018)(.o.V) (o.J)

http://www.mathepedia.de/Simpsonsche_Formel.html (02.03.2018). M. W. Lomonossow (o.J.). Simpsonsche Formel.

http://mathematikalpha.de/keplersche-fassregel (05.03.2018)(.o.V) (o.J). Keplersche Fassregel.

BEI GRIN MACHT SICH IHR WISSEN BEZAHLT

- Wir veröffentlichen Ihre Hausarbeit, Bachelor- und Masterarbeit

- Ihr eigenes eBook und Buch - weltweit in allen wichtigen Shops

- Verdienen Sie an jedem Verkauf

Jetzt bei www.GRIN.com hochladen und kostenlos publizieren